科学全知道系列

U0176127

地 球
今天也很忙

[韩]辛贤贞 [韩]咸锡真◎著
[韩]金载弘◎绘
千太阳◎译

吉林科学技术出版社

 序言

认识地球是了解世界的起点

大家在路上是否看见过蚂蚁们井然有序地排队行进呢？在有食物的地方，它们会聚集到一起。但是，蚂蚁们是如何知道哪里有食物呢？那是因为它们不仅对自己的巢穴十分熟悉，而且对周围的环境也了如指掌。为了获取食物，它们事先对目的地进行了一番考察。

难道只有蚂蚁才会细心观察周围的环境吗？

其实我们人类也十分了解并善于利用自然环境。我们平时吃饭用的碗是用泥土制造而成的，我们居住的房屋是用各种物质建造而成的，就连我们穿的衣服也是利用动物的皮毛或植物制造的。

随着时代的发展，我们要了解的事物也越来越多。虽然我们生活在地球上，但是想要深入地了解、认识地球并不是一件容易的事情。因为地球太大了，而且地球有46亿年的悠久历史，根本无法在短时间内了解清楚。况且地球上我们能亲自到达并探测的地方只不过是地球表面很小的一部分。地球上很多地方自然环境十分恶劣，我们很难深入其中。因

2

此，科学家们对地球的研究工作是艰难而辛苦的，有时科学家们甚至还利用可以潜入深海中的科考船或可以飞上太空的人造卫星对地球进行研究。另外，科学家通过分析深海里的岩石了解地球悠久的历史。尽管科学家们对地球的研究、探测非常有趣，但对小朋友们来说，地球的相关知识还是很难理解的。

本书生动有趣、简单明了地向小朋友们讲述了有关地球的知识和故事。在阅读这本书的过程中，有时你会变成一滴水珠、有时会变成一块石头，有时还会成为一名勇敢的探险家，在高高的大气层、深邃的海底、神秘的地壳内部等地球的各个角落里自由自在地穿行。你既能听到有关地球的故事，又能了解人们对地球的想法。亲爱的小朋友，我们要爱护自己的家园，争当地球合格的主人！

目录

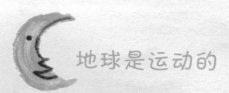 地球是运动的

地球的气候是多种多样的

地球是最特别的

　　嘘！我有话要跟小朋友们说。

　　从现在开始，我给大家讲述宇宙中最特别的天体——地球。

　　为什么地球是最特别的呢？

　　原因在于地球拥有很多其他天体所没有的东西。

　　早在46亿年前，地球就诞生了，它是太阳系中距太阳的第三颗行星。开始，地球是一个只有岩石和熔岩的、长得很丑的、孤独的行星，但是现在它不再孤单，它有很多朋友陪伴，包括：大气层——它环绕于地球周围，虽然我们无法用肉眼看到它，但它能让很多生物自由地呼吸；广阔无垠的海洋——地球上最初的生命就诞生于海洋中；陆地——许多生物存活在陆地上。

多亏有了大气层、海洋和陆地，地球才可以分成热的地方、冷的地方，湿润的地方、干燥的地方，同时还有适应这些不同环境而生存的种类繁多的生物朋友们，我们人类就是在这些朋友的帮助下繁衍生息的。那就跟我一起去探索关于地球有趣的故事吧！

向大家介绍一下

地球

我们虽然生活在地球上，却只能看到地球的一部分
　　但是，如果我们能坐上宇宙飞船，飞到地球之外，飞到太空去，地球这个美丽的蓝色星球就能尽收眼底了
　　在宇宙飞船没有发明之前，人们能做到这一点吗？
　　当然不能，当时人们只能凭空想象
　　那么，过去的人们想象中的地球到底是什么样子的呢？

地球是圆的

　　哥伦布小时候生活在意大利的一个港口城市——热那亚。

　　每天放学后他都在码头上看着各式各样的船只驶进驶出。这对哥伦布来说，无疑是最有趣的事情了。

　　有一天，哥伦布无意中发现了一个奇怪的现象。

那天，他也像往常一样，坐在码头上望着一艘船缓缓离岸而去……但是他突然发现，随着那艘船离码头越来越远，船似乎在渐渐下沉。

"大事不妙了，出大事了，船沉下去了！"哥伦布急得跳了起来，并大声喊道。

"哥伦布，发生了什么事？"马克斯叔叔问道。

"马克斯叔叔，您瞧，那艘船慢慢沉下去了。可能是船的底部破了个洞，我们得赶紧去救人！"

马克斯叔叔听了哥伦布的话，也吓了一大跳，于是目不转睛地注视着哥伦布指的那艘船。

果然，正如哥伦布所说的那样，那艘船似乎已经被海水淹得连甲板都看不见了，只剩下白白的船帆在海面上移动。

　　但是，这时马克斯叔叔转而微笑着说："哥伦布，那艘船安然无恙，驶向远方的船本来看起来就像在下沉，你再看右边那艘褐色的船，是不是看起来也像在下沉啊？"

　　哥伦布向马克斯叔叔所指的方向望去，褐色的船看起来似乎也正在下沉，渐渐地船的底部看不见了，后来甲板也渐渐不见了。

　　"真的啊……那为什么会这样呢，叔叔？"哥伦布问道。

　　"这个……有人说是因为地球的尽头是悬崖绝壁，可是既然远去的船还能回来，那这种说法就是不成立

的。别想那么多让人头痛的事了，你还是来帮我修补渔网吧。"马克斯叔叔说道。

　　然而，哥伦布对这个现象实在是太好奇了，他怎么想也想不明白，他根本没有心思做别的事情。

　　究竟为什么那些船看起来像在下沉呢？

　　不管是在码头上遥望那些远行的船的时候，还是在学校学习的时候，就连帮助马克斯叔叔修补渔网的时候，哥伦布的脑海中想的都是这个问题。

　　终于有一天，哥伦布在图书馆看书的时候，无意间找到了一本很重要的书。书上这样写道："地球是球形的，所以，那些离岸而去、渐行渐远的船看起来就像是渐渐沉于水中。"这本书就是希腊伟大的科学家亚里士多德的著作。

从那时候起，哥伦布的命运发生了很大的转折。

当时欧洲人开始前往东方古国印度购买各种各样的东西。然而，绕过非洲航行到东方既要很长很长的时间，还非常危险，可是别无选择。因为那时，欧洲人认为，如果一直向西航行的话，就会到达地球的尽头，跌入深谷。

但是，哥伦布始终坚信地球是球形的，因此他认为向西航行也能到达印度。

如果地球是球体，那么船只不管向哪个方向航行，都能绕地球一圈，回到出发点，不是吗？

然而，当时根本没有人相信哥伦布。

哥伦布为了证明地球是个球体，开始了向西航行的旅程。最终，经过艰难跋涉，哥伦布发现了"新大陆"，也就是如今的美洲。虽然哥伦布没能证明这个说法，没能到达印度，但他发现了新大陆这一壮举，在人类探险史上却有着深远的意义。

大海的尽头竟然不是深谷，而是新的大陆，人们对此感到非常惊讶，那些谩骂声也随之消失了。

哥伦布发现美洲大陆30年以后，一个名叫麦哲伦的探险家继续向西航行，成功地完成了人类历史上第一次环球航行。

　　这时人们才相信地球是圆的。

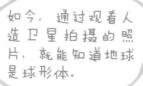

如今，通过观看人造卫星拍摄的照片，就能知道地球是球形体。

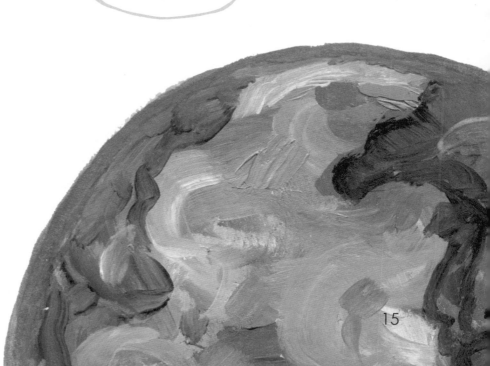

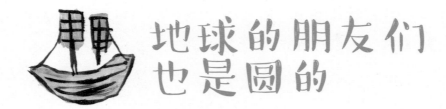

地球的朋友们也是圆的

不仅地球是圆的，太阳和月亮以及其他那些围绕太阳旋转的行星也都是圆的。

也许你会问："奇怪了，月亮大部分时候都不是圆的啊！"

确实如此，我们用肉眼看到的月亮的形状每天都会变化，有时候是弯的，有时候是圆的。如果说月亮是圆的，是个球体，那它为什么每天看起来都不一样呢？

那是因为我们看到的只是月亮反射太阳光的那一部分，而且月亮每个月都围着地球转一周，转到不同的位置，我们看到的月亮的形状也不一样。

由于太阳过于耀眼，

我们无法看清它的形状，但实际上太阳也是个球体。要是早晨早起的话，就能看见在遥远的东方冉冉升起的太阳。中午的时候，我们可以戴上特制的太阳镜来观察太阳，此时的太阳如同十五的月亮那样圆。

我们看到的太阳跟月亮几乎是一样大的，但是实际上太阳比月亮大得多，只不过由于太阳离地球太遥远了，因此两个星球的大小看起来没有多大差别。太阳系的其他行星也都是圆的，利用先进的天文望远镜，我们就可以看到行星们美丽的身影了。

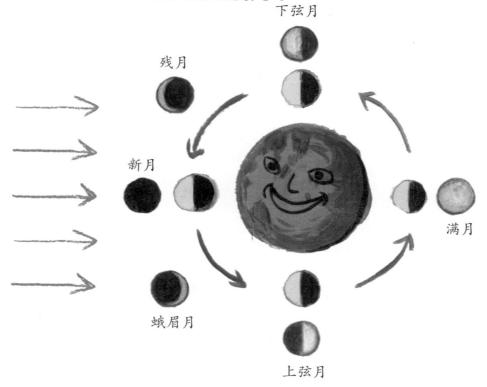

下弦月

残月

新月

满月

蛾眉月

上弦月

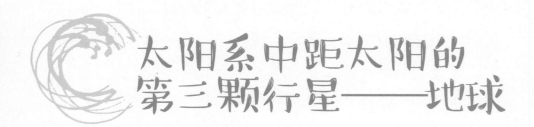

太阳系中距太阳的第三颗行星——地球

太阳是一个可以自己发光的巨大火球。

夜空中那些闪闪发亮的星星大多数是可以自己发光的天体，这种星星被称为恒星。

太阳统领着很多类似地球、火星、木星等星体在太空中运行。

这些星体都围着太阳旋转，它们是一颗颗"旅行的星星"，因此人们将其命名为行星。

以太阳为中心，包括围绕太阳旋转的行星，以及其他一些天体，被统称为太阳系。

太阳系共有八大行星，光芒四射的太阳主宰着整个太阳系。

八大行星中水星离太阳最近，然后依次是金星、地球、火星、木星、土星、天王星、海王星。其中体积最

大的当数木星。

如果木星离太阳最近，那么其他行星就很难接受到灿烂阳光的照射了。

现在，让地球来向我们介绍一下自己吧，有请地球。

"我是太阳系中距太阳的第三颗行星，我叫地球。现在，我就向大家介绍一下自己。"

"哇哦……"

地球一发言，其他行星朋友纷纷热烈地鼓掌，表示欢迎。

"我的'身高'约12 712千米，由于我是个球体，所以身体的高度和宽度几乎相等，但是事实上身体的宽度约12 756千米。"

地球的宽比高还长是因为地球每天都在做自转运动。大家有没有见过做比萨饼呢？在旋转的过程中，圆圆的面团会自动向两边拉宽，同样的道理，地球也是因为经过长期的旋转，渐渐变宽了。

"我的'腰围'也就是赤道，就是那条看不见的、将我的身体表面一分为二的线，它长约40 076千米。

"人们要是乘车的话，以每小时200千米的速度连

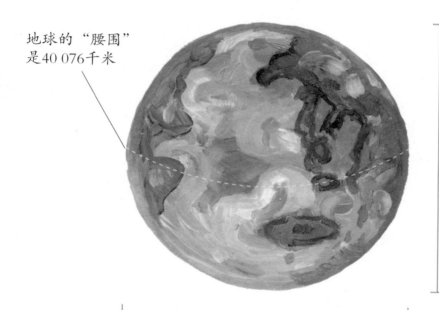

地球的"腰围"
是40 076千米

地球的"身高"是12 712千米

地球的"身宽"是12 756千米

续行驶大约200个小时才能沿着我的腰绕一圈。"

　　地球是不是大得难以想象啊。因此可想而知比地球还要大的木星该有多大呀。

　　虽说地球如此之大，但是我们可以利用先进的网络和电话与生活在遥远地方的人联系、沟通，可以乘坐飞

机到达任何我们想去的地方，这在500年前是无法想象的，那个时候人们连地球到底是什么样子都不知道。

"另外，我的身体本身就像块超大的磁铁，所以人们可以用指南针来确认方向。由于磁铁同极相斥，异极相吸，所以指南针的N极所指的方向就是北。"

"只要有指南针，人们在任何地方都可以轻易地分辨出哪个方向是北，哪个方向是南。自从指南针发明以后，在航海或进入深山密林的时候，人们就可以轻易地找到正确的方向。这就是我，一颗美丽的蓝色星球的自我介绍。"

地球热情洋溢的自我介绍到此结束了。

生活在地球另一边的人们为什么不会落到地球之外？

地球是圆的，那为什么没有人会落到地球之外呢？

那是因为地球有引力。

我们能在地面上稳稳地站立，而且所有物体都会往地面掉落的原因都在于引力。所以，生活在地球另一边的人们，即使倒立着（从我们的角度看），也不会脱离地球，坠入太空。引力把所有存在于地球上的物体往地球中心拉。多亏了引力，海水才不会流到太空中去，空气也不会飞到太空中去。

引力如此厉害，那么，它是不是我们人类进入太空最大的障碍呢？进入太空是一件很难的事情吗？

人类制造的宇宙飞船能够以飞快的速度飞入太空。如果宇宙飞船以11.2千米/秒的速度飞行就能摆脱地球引力的束缚，成功地飞离地球，进入神秘的太空。这个速度被称为第二宇宙速度。

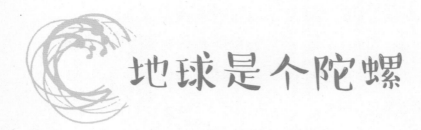

地球是个陀螺

当太阳从东方冉冉升起的时候，忙碌的一天也随之拉开序幕。

一天，地球依然睡眼惺忪地等待着太阳升起。

但奇怪的是，太阳竟然不肯露脸！大事不妙了。

可是只有天亮了，人们才会起床，小朋友们才会上学，但现在，太阳竟然还没有升起来！

如果一直这样持续下去的话，地球上所有的生物都会消失。

在这之前，从来没有发生过这样的事情，地球有些措手不及，不知道该如何是好。

"奇怪了，难道太阳生气了？还是因为几十亿年如一日地天天早起，今天想休息一天了？是不是年纪大了，身体也不舒服了？哎哟……该怎么办呢？"

想着想着，困惑不解的地球终于恍然大悟了。

"啊，对了，太阳不会围着我转，我自己应该转起来呀！"

紧接着，地球就开始忙碌地旋转起来。

转呀转呀转，转呀转呀转……

通常，我们会说太阳每天早晨都从东方升起。

告诉你们一个秘密，其实这种说法是错误的。事实上，太阳不会从地平线下升到天空或从东边移到西边。

但是，为什么在我们看来是太阳在天空中移动呢？

地球也像我一样旋转.

原因就在于地球每天
都会自己旋转一周，
就如同陀螺一样。

地球每天都会
自西向东自转一周，
而在地球上生活的人
们看来，这是太阳在
自东向西移动。

当我们乘坐汽
车的时候，是不是发现路边所有的树木都在往后跑呢？
难道树木也会移动吗？当然不可能。树木是原地不动
的，只是因为汽车在向前行驶、在移动，所以看起来树
木好像在往后跑。

太阳也是如此。实际上，太阳每天并不会东升西

哎哟，好
晕啊！

落，由于地球自西向东自转，因此看起来太阳似乎在自东向西运动。

　　不光是地球，太阳系里其他的成员也都在做自转运动，太阳也不例外。人们又没有去过热得像火球似的太阳，怎么知道这些的呢？这就多亏了太阳黑子。

　　太阳表面有很多深色的斑点，这些斑点就是人们常说的太阳黑子，经过科学家们长期不懈地观察，得出了一个结论：太阳黑子自左向右缓缓地移动。

　　这些神秘的太阳黑子每27天绕着太阳的表面转一圈。然而，太阳黑子无法自己移动，也就是说，太阳在自转，所以太阳黑子看起来像是在移动。

倾斜的地球

你们知道吗？在圣诞节的时候，地球上并不是所有的地方都是寒冷的冬天。在某些地方，圣诞节的时候正值夏天，比如说澳大利亚、新西兰、南非等就是在夏天过圣诞节的国家。

位于非洲的南非也像中国一样，四季分明，但是季节上却与中国恰恰相反。在

南非，从12月至2月是夏季，6月至8月是冬季，也就是说，圣诞节的时候南非正是夏季。

为什么同样的时间，北半球*和南半球*的季节不同呢？

那是因为地球是倾斜着围绕太阳公转的。

地球并不是直直地旋转的，而是向一侧倾斜了约23.5°。

看看地球仪，是不是可以看到地球是倾斜的？那不是因为地球仪出了故障，而是地球原本就是倾斜的，所以人们把地球仪做成这个样子。

*北半球是指赤道以北的地区，南半球是指赤道以南的地区。

要是有小朋友误认为地球仪出了毛病，把它摆直了，现在就赶紧把它摆成原来的样子吧！

现在是7月份，在北半球，6~8月是夏季。

这样，倾斜的地球每天自转一周，同时每年缓慢地绕着太阳转一周，这种运动被称为公转。

在公转的过程中，有时候北半球接受到的阳光多一些，有时候南半球接受到的阳光多一些。当北半球接受到的阳光比南半球多时，北半球就是夏季，南半球就是冬季。相反，当南半球接受到更多的阳光时，那么，南半球就是夏季，北半球就是冬季。

那位于地球表面中间部分的国家会怎样呢？

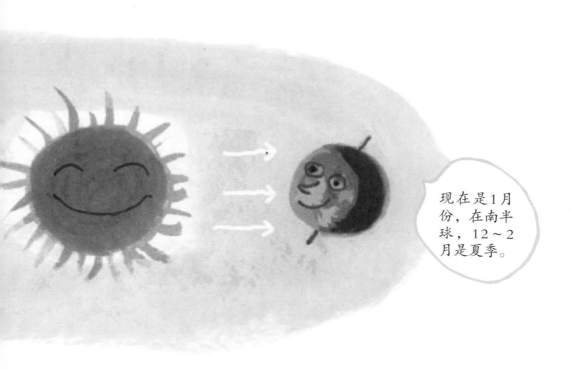

位于地球表面中间部分的国家，也就是处于赤道附近的国家常年都十分炎热，因为这些国家一年四季都有充足的阳光照耀。即使到了冬季，那里也如春天一般温暖。

地球上各种因素是相互联系的

地球大约诞生于46亿年前。那时候地球上还没有陆地、大气层和海洋，它只是一个炽热的火球。这个炽热的火球经过很长的一段时间后，才渐渐变冷，最终产生了陆地，有了陆地之后，又经过了一段漫长的时间，才有了大气层和海洋。而我们人类是在此后的很长的一段时间之后才诞生的。地球上宽广的陆地、高高的大气层和浩瀚的海洋到底是如何形成的呢？让我们一起去寻找答案吧。

陆地不再孤单

地球诞生之后的很长一段时间里，地球上只有光秃秃的陆地。每天，都会有像房子那么大的石头砸向地球。但是孤单的地球没有朋友可以倾诉，只能把烦恼闷在心里，独自发火。就这样，火山连绵不断地喷发着，地球上不断流淌着火红的液体——熔岩，没有任何生命能在这个星球上生存，所以陆地感到孤独极了。

然而很快陆地就有朋友了。

陆地也许没有觉察到，当火山喷发的时候，各种气体也随之产生了。因为这些气体非常轻，所以能迅速升到空中。

同时，那些从宇宙中坠落下来的石头与地球碰撞的时

37

候，也产生了一些气体，这些气体也上升到空中。聚集到地球上空的气体最终形成了保护地球的大气层。

有了大气层之后，那些从宇宙中坠落下来的石头与空气摩擦之后，会被消磨掉大部分，有的甚至直接就在空中消失了。

是大气层保护了陆地！

此后，各种气体又不断上升到空中，这些气体聚集到一起，使大气层变得越来越厚。

大气层有一部分物质是水蒸气。水沸腾的时候产生的气体，我们就称之为水蒸气。

水蒸气上升的过程中遇冷会变成小水珠，这些水珠集结到了一起就形成了云，然后，云遇冷又产生了雨。

地球上第一次下雨大约是在40亿年前。当时雨下个不停，渐渐地使炽热的地球冷却下来。落下的雨水最终汇集到地球的低洼处形成了海洋。

终于，孤单的陆地有了大气层和海洋两位朋友。三个朋友携手努力，共同创造出了适合生物生存的环境。慢慢地，有很多生物陆陆续续在地球上诞生。又过了一段相当长的时间，人类终于诞生了。

飞向蓝天的气球

色彩鲜艳的气球正徐徐地朝着天空飞去。

刚才，气球还在可爱的小主人手中，它兴致勃勃地观看着运动会，可是小主人一不小心，松开了绑着气球的绳子，气球就这样飞向了空中。虽然与小主人离别是件很悲伤的事情，但是，这是气球第一次在空中俯视地面，地面上美丽的风景让气球兴奋得合不拢嘴："哇，房子看起来跟我一样大。"

越往上升，人看起来越小，房子也变小了，地面上的一切都显得那么小。而且，越往上升越冷了。

气球第一次感受到了寒冷，寒意刺骨，冷得它直打哆嗦，这时它的身体应该都蜷缩成一团了吧。

可事实恰恰相反，气球的身体在膨胀，越变越大。越往上升，周围的空气就越稀薄，因此气压也会减小。

空气从四周施加的压强叫作气压。

气球在不知不觉中到达了云端。以前在地面上仰视天空的时候，气球就对又白又美丽的云朵感到好奇，它不明白云朵到底是由什么组成的。现在，它终于明白了。

原来就是一粒粒的小水珠啊。

云朵是由聚集在天上的水珠构成的。气球心中的疑问得到了解答，那么现在就让我们和气球一起去仔细地观察一下大气层吧。

大气层分成五层

地球的大气层是由各种气体组成的。

这些气体可以阻止地球的热量向宇宙中散失，也就是说，大气层可以保护地球，使其免受寒冷的侵袭。同时，大气层能反射来自太阳的大部分光线，使地球不会变得过于炎热。

如果没有大气层，地球就会像月亮或水星一样，夜晚的气温低于零下100摄氏度，白天的气温却达到数百摄氏度。如果真是这样的话，生物就无法在地球上生存了。

地球周围的大气层也被称为大气圈，它的厚度大约为1 000千米。越过大气层就是神奇而浩瀚的太空。如果我们坐在车上，以每小时100千米的速度驶向太空，大概

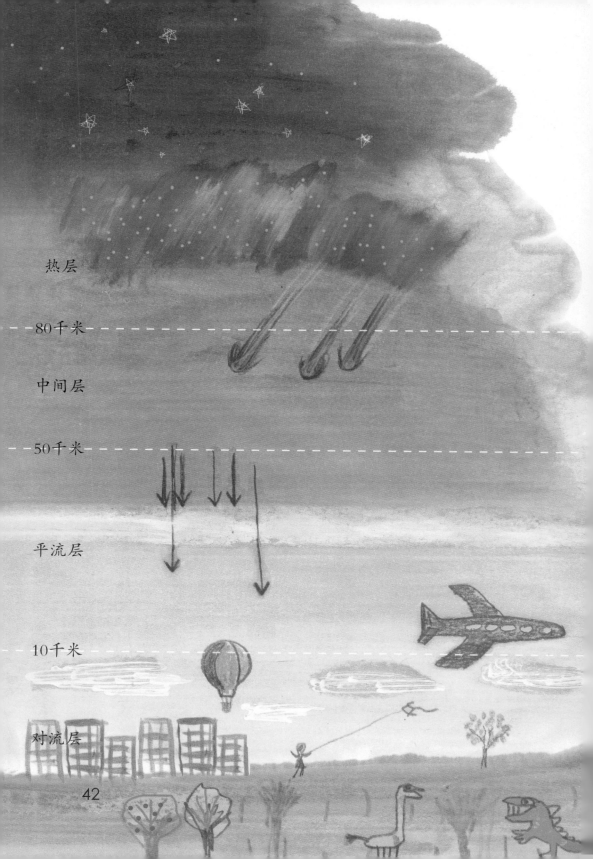

热层

- - 80千米 -

中间层

- - 50千米 -

平流层

- - 10千米 -

对流层

42

用10个小时的时间就可以进入太空了。

环绕于地球周围的大气层到底是什么样子的呢？

我们一起坐上通向太空的电梯去看一看，好不好？

叮咚，这里是第一层，是对流层。

我们每天呼吸的空气就在对流层里面！

对流层里的空气流动得非常频繁。它们为了变成风或云而四处游荡着。

云会变成雨水哗啦啦地降落，有时还伴随着轰隆隆的雷声，有时还会变成雪纷纷扬扬地落下来。在对流层，越往上气温就越低。

但是到了一定的高度气温就相对比较稳定了，那是哪儿呢？

叮咚，这里是第二层，是平流层。

无论底部对流层中的云朵怎么起伏，上面的平流层

总是那么安静，这里既没有风，也没有云。

飞机就是在这个平稳的平流层中飞行的。也就是说，即使下面的对流层中出现了猛烈的暴风雨，平流层还是很安全的。

平流层里面有地球的保护膜——臭氧层。臭氧层吸收来自太阳的紫外线并散发热量，所以在平流层中，越上升越暖和。

如果没有臭氧层，紫外线就会肆意地侵入地球，植物就会枯死，动物会患皮肤病或眼疾，那就糟糕了。

我们得防止有害物质破坏臭氧层！

叮咚，这里是第三层——中间层。

中间层的空气也像对流层中的空气一样四处流动。但是由于这一层空气非常稀薄，所以即使它们很努力地移动，也很难碰到其他空气。中间层几乎没有水蒸气，所以也不会产生云。

但是这里有流星。大家有没有见过流星？在夜空中偶尔能看见有个闪闪发亮的东西拖着长尾巴，瞬间坠落，这就是流星。

太空中的尘粒和其他细小的物体飞入地球大气层时，与中间层的空气摩擦产生光和热，最后被燃尽，变成一束光，这就是我们通常所说的流星。

叮咚，到了第四层——热层。

顾名思义，热层这一层温度很高，最高温度可达到2 000摄氏度。

热层里几乎没有空气。在对流层中，一秒钟内气体分子之间的撞击会达到几百次，但是热层中的空气十分稀薄，几乎是在几天几夜的时间里才有一次气体分子之间的碰撞。有时候，太空中的物质会进入热层，地球上的物质也会进入热层，热层就是连接地球和太空的地方。这里有着美丽的极光。太阳喷射出的带电粒子进入地球，与热层里的原子和分子相碰撞就形成了极光。

　　进入地球的大部分带电粒子都被地球的磁场拉到地球的两极。所以，在极地地区特别容易看到美丽、

奇妙的极光。带电粒子与氮气分子相碰撞，会发出紫色的光；与氧气分子相碰撞会发出红色或绿色的光。五彩缤纷的极光在天空中翩翩起舞，可谓是极地的美景。每年，都会有很多人为了看极光而冒着严寒前往寒冷的南极或北极。看着天空中五光十色、千姿百态的极光，你会觉得自己像在梦境中一样。

第五层是逃逸层，电梯似乎不愿意往上升了，那好吧，我们就回到地面吧。

各层名称	各层的特点	高度
对流层	只有对流层有云，所以雨雪都在这一层产生。	0千米～10千米
平流层	有臭氧层来挡住紫外线。	10千米～50千米
中间层	太空中的尘粒和其他细小的物体与空气摩擦而发出亮光并成为流星。	50千米～80千米
热层	有美丽的极光。	80千米～500千米
逃逸层	又被称为外大气层，是大气层的最外层。	500千米以上

云是如何变成雨的？

对流层中的水蒸气随着高度上升，温度不断下降，会迅速地变成小水珠。这些小水珠聚集到一起，最终会变成雨滴从天而降。

大家是否测量过雨滴的大小？雨滴的大小各不相同，人们一般把直径1毫米左右大的水珠称为雨滴。

大家仔细观察一下，1毫米就是大家用的尺子上最小的一个格，是不是特别小啊？

然而，事实上形成一颗小小的雨滴大约需要100粒小水珠，那水珠是不是更小啊？

正因为如此之小，所以小水珠才能在空中飘浮。

那么，这些小水珠到底是如何聚集到一块，并最终变成雨滴的呢？

很多小水珠聚集起来，首先会形成很大的云朵，据说一朵云相当于100头大象的重量。

天啊，小而轻的水珠竟然可以集结成100头大象的重量！

真是难以想象，这究竟是由多少颗水珠组成的呢？一些巨大的云朵里面，聚集了达到4 000头大象重量的水珠，很让人吃惊吧？

在无数大大小小的云朵里，生活着一颗怀揣梦想的名为珠儿的小小水珠。珠儿每天在天空中自由自在地遨

游，无拘无束，但是珠儿的好奇心十分强，它觉得自己的生活平淡无奇。

因此，它就跟它的水珠朋友们说："唉，每天见到的都是与我相同的水珠，生活真是太无聊了！我们能不能降落到地面上去呢？"

但是朋友们个个摇摇头，说道："你也知道，我们太轻了，即使能到地面上去，随后也会被风送上天空的。"

是啊，迄今为止，珠儿已经尝试过无数次，但每次都失败了。

因为水珠也有体重，所以有时它会被重力拉下去，但是由于它实在太轻了，只要风轻轻一吹，就会被重新

送回去。

　　就在这时候，传来了其中一颗水珠的声音："如果
我们团结起来聚集到一起的话，就会变重了，那么我们
就可以降落到地面上了。"

　　珠儿竖起耳朵倾听着，高兴了一阵后，又伤心起
来，因为水珠们又该如何才能团结到一起呢？

　　"当风小一点的时候，我们就能往下掉落了。要是
你还担心自己太轻了，就抱着上面的胖水珠，和它一起
掉下去吧。"

　　听起来也有道理。

珠儿和它的朋友们说好在那颗胖水珠从上面掉下来的时候抱住它，和它一起降落。当然，这也不是件容易的事。

过了一会儿，风渐渐地变小，风势变弱了。

数不清的水珠缓缓地降落。

位于珠儿上方的胖水珠也落了下来。

当胖水珠即将经过珠儿和它的朋友的身边时，珠儿兴奋地倒数着："还有3秒——2秒——1秒，终于抱住了！"

珠儿和它的朋友们成功地和胖水珠抱在了一起，重量达到了一定程度，它们加速降落，并在途中与其他水珠再次汇合。

偶尔，会有强风袭来，把它们"遣送"回原位，但影响并不是很大。

因为趁风变弱的时候，水珠们又会再次下降。而且，在再次降落的过程中，它们还可以与其他水珠合为一体。就这样，珠儿它们的队伍变得越来越壮大了。

听说了珠儿的经历之后，其他的小小水珠也开始聚集到一起，并为了变得更大而上蹿下跳。

终于，水珠逐渐变大，大到连风也无法吹得动的程

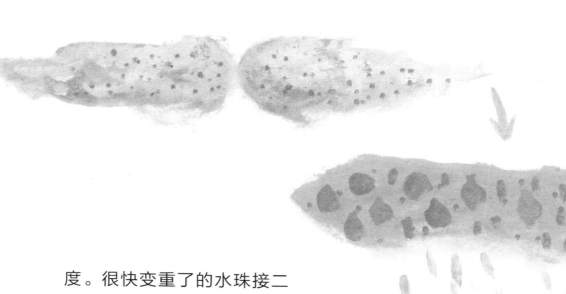

度。很快变重了的水珠接二
连三地降落到地面上，不，
应该说是雨真的下起来了。

　　哗啦啦……

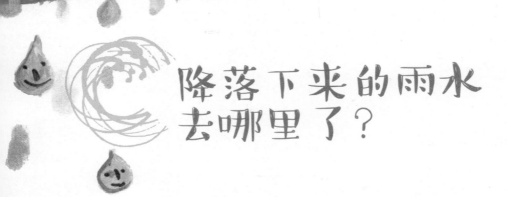

降落下来的雨水
去哪里了？

变成雨滴的珠儿总算到达地面了，它兴奋极了。
它第一次落脚的地方是山上一棵树的树叶上。但是，
随着其他雨滴也都降落到树叶上，树枝承受不起雨滴

的重量就被折断了，珠儿和朋友们随之也"嘭"的一声从树枝上掉了下去。

珠儿和朋友们掉到了深山里。比珠儿它们早降落的雨滴们已汇成清澈的小溪，欢快地流淌着。珠儿和它的朋友们也加入其中，和它们一起流向远方。

"您好，我们现在是去哪里啊？"珠儿问。

"在引力的作用下，我们正在往低处流呢。"其他雨滴回答道。

"地面上有好多稀奇古怪的东西，太神奇了。"

"你从天上到地面上来没几天吧？其实，这些都算不上什么，以后你会看到更多有趣的东西，做好心理准备哟。"

因为降雨，峡谷里的水越来越多，有时候气势汹汹，甚至能击碎有裂缝的石崖。

"你好，你是？"珠儿问。

"我是石头，刚刚还是那个石崖的一部分，但是与你们一猛烈相撞，我就掉落下来了。"

"哎呀，真是抱歉。"珠儿不好意思地说道。

"没关系，托你们的福，我也可以去世界各地旅行了，我简直太开心了。"石头兴奋地说。

珠儿和朋友们继续着它们的世界之旅。

突然珠儿陷入了沉思：那我以后会变成什么呢？难道就这样顺流而下，最后到达大海？或者是在那之前就蒸发掉，重新回到天空中去吗？嗯，说不定也会进入人或动物的体内呢。珠儿想，这些都无所谓，因为不管到哪儿都会有水，这就说明，无论到哪儿都有朋友相伴。

海水为什么是咸的？

海水为什么是咸的？

地球刚诞生的时候，到处都是火山，而且火山连绵不断地喷发着。火山喷发出的气体中，含有大量盐分。这些气体上升到空中，变成雨后又重新回到地面上，雨水汇聚成了大海，海里的水因此是咸咸的。

还有另外一个原因，就是土壤中也含有盐分。当雨水流过地面的时候，土壤中的很多成分也融入雨水当中，其中就包括盐分。除盐分以外的成分在随雨水流淌的过程中，有的渗透到地下，有的则被微生物和鱼儿们吸收。所以，最终流进大海的水当中，盐分含量最多。同时，海底土壤中的盐分也不断地溶解到海水当中。在这数十亿年间，盐分不断汇聚，所以海水很咸。

可是河水也含有盐分，为什么河水不咸呢？那是因为河水中盐分含量很少。而且，含有盐分的河水最终会流进大海里，接连不断的降雨又会使河水不断增加和更新，所以河水不咸。

如此说来，江海汇合处的水会是什么味道呢？

江海汇合处的水，味道没有海水那么咸，这里的水就像是在海水里加了一些淡淡的河水。

大海涨潮时，海水的力量要比江水大，所以海水会倒流回江水里，因此江海汇合处的水会有点儿咸。

但退潮的时候，江水的力量比海水大，这样一来，江水会源源不断地流进大海里，这样江海汇合处的水就不会和海水一样咸。

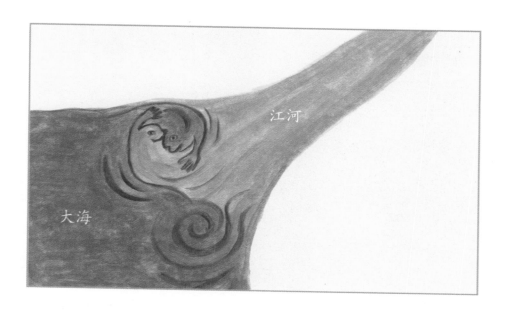

海底世界是什么样子？

如果把地球上的所有高于海平面的陆地切割下来，投到大海里面，究竟会出现什么情况呢？大海会不会就从地球上消失了呢？大海会不会全部都变成人类能够生活的陆地呢？

答案是否定的。

　　大海太宽阔了，就算把全部陆地投到大海里面，还是连大海的三分之一也填不满。世界上海拔最高的山峰是珠穆朗玛峰，海拔为8 844.43米；大海最深的地方是马里亚纳海沟，深度为11 034米。到达海底最深的地方要比爬上珠穆朗玛峰艰难得多。海洋从外表看来只

有水，但是海底世界丰富多彩，如同我们生活的陆地一样，有山峰、峡谷、平地等等。

离陆地最近的海底部分就是大陆架，其深度不超过200米，黄海就处在大陆架上。大陆架虽然只占全部海底面积的10%，但是这里却生活着各种各样的海洋生物，还贮藏着丰富的石油和天然气等矿产资源。

经过大陆架到更深的海底的话，就是坡度较大的大陆坡。但其坡度只不过相当于陆地上的小山坡，但在地形平缓的海底，大陆坡就属于比较陡峭的地方了。沿着大陆坡下去就到达了深海平原。它位于海底3 000~4 000米处。长白山的海拔为2 749米，那么，即使把长白山切下来填到海底也无法露出海面，可见海底平原处于多么深的位置。此外，深海平原不仅处于较深的地方，而且占海底面积的90%，是非常宽广的。

海底和陆地上一样，也有峡谷和山脉。

海沟就是海底的峡谷，其平均深度为6 000米以上。

位于太平洋的马里亚纳海沟有世界上最深的海渊——查林杰海渊。海渊指的是海沟中最深的地方。世界上最高的山峰珠穆朗玛峰的海拔为8 844.43米，然而查林杰海渊却深达10 912米，能够想象到底有多深了吧？如果把珠穆朗玛峰放在渊底，峰顶都不能露出水面。

海岭是海底的山脉，把世界上所有海底山脉加起来长度可达80 000千米，大约是地球周长的2倍。

世界上最长的海岭是贯穿大西洋、太平洋、印度洋、北冰洋中部的中央海岭，长度约为60 000千米，是世界上全部海岭总长的3/4，很惊人吧！

人们从海面上望去，会觉得它平平的，只有海水而已。但人们却不知道海底的地面比陆地上的峡谷还要深，还要陡峭。很多人对此感到很意外。但迄今为止，人类还不完全了解海底的地貌状况。

怎么样，看到这里，你是否想成为一名勇敢的科学探险家，在海底自由地探险一番呢？

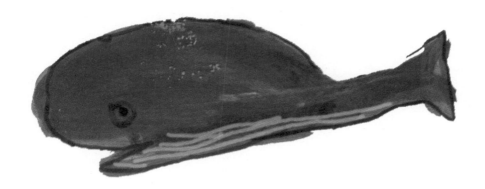

陆地和海洋、大气层是相互联系的

　　到达大海的珠儿和它的朋友们结识了许多新朋友。不管到哪里看到的都是无边无际的海水。

　　现在珠儿还时常回想在大海里旅行的日子。不仅是珠儿，从大海诞生的那一瞬间开始，地球上所有的水都不停息地在世界各地穿梭、旅行。海水，在暖暖的阳光照射下蒸

发成了水蒸气并上升到大气层中，而这些水蒸气在大气层中遇冷又变成小水珠。当小水珠越积越多，又变成大水珠时，渐渐地云朵托不住它们，它们就变成雨降落下来。所有降落到地面的雨水，经过漫长的旅行之后形成江河，最终流入大海。地球上的所有生物就是靠这些水生存的。

　　不管是生活在陆地上还是海洋里的生命，都与水息息相关。也正因为水，陆地、海洋、大气层才相互联系起来。

地球是运动的

地球上的陆地非常广阔，陆地上既有高山，也有比海平面还要低的盆地，因此陆地的地貌是凹凸不平的。地面上有各种颜色的土壤、巨大的岩石、圆圆的砾石、漂亮的沙子等。

虽然地壳是由坚硬的石头组成的，但它时刻都在运动，就像空气和海水一样，一直在做着运动。

在地球上，有时候会发生火山喷发，甚至会发生地震，导致地面裂开。我们的地壳似乎就没有一刻是闲着的，那我们就听听石头讲述地壳到底有多么忙碌吧！

石头们的晚会

　　在地质博物馆参观的人们都离开博物馆回家了，博物馆里的灯也熄灭了，热闹了一天的博物馆终于安静了。

　　咦？这是怎么回事呢？橱窗里熄灭的灯突然一盏盏又亮起来了，随后橱窗里的石头们也开始动起来了。有的石头伸伸懒腰，有的石头忙着梳妆打扮，有的石头甚至还在"啊——啊——"地清嗓子。原来石头们在举行晚会。

　　石头们的晚会正式开始了！

　　尽管它们现在被摆在了橱窗里面，但是，来到这里之前，它们可都是赫赫有名的冒险家。每天晚上它们都举办故事会，互相交流自己以前的冒险经历。

　　这些有神奇经历的石头们几乎没有没去过的地方，

山顶、海底深处、炽热的地壳下面，甚至连高高的蓝天和浩瀚无垠的太空都曾有过它们的踪影。

嘘，安静！

静坐在橱窗中间的一块很大很大的条纹石头开始讲话了："我的故乡在山顶……"

从前，山顶上有块巨大的岩石，大得谁都搬不动它。即使在大风大雨中，它也纹丝不动，所以岩石为自

己强壮的身体而感到骄傲。就这样过了大约500年，旁边的松树朋友说："岩石啊，你的身体看起来怎么好像变小了呢，有些地方甚至还开裂了，出现了裂缝。"

骄傲的岩石完全把松树的话当成了耳边风，它自认为像它这样强壮的身体是不会出什么问题的。

然而有一天，乘风飘来的蒲公英种子落到了岩石的裂缝里面，在那里生根发芽了。蒲公英们在裂缝中努力地生长着，裂缝渐渐地变大，"吱"的一声，庞大而坚硬的岩石裂成了几块。

就像山顶上那块巨大的岩石一样，庞大的石头们经常被大风吹蚀，被雨雪淋湿，长年累月逐渐变成了小石

头。这种变化进行得非常缓慢，所以我们无法觉察到。

石头这种崩解和蚀变的过程被称为风化。

地球刚刚诞生时，陆地上没有一点儿土壤，全部都是岩石，现在的土壤都是经过长期的风化作用而形成的。如果山上没有了树木，就会导致水土流失。

山顶上的岩石崩裂以后，几个大的石块在下雨天被雨水冲走了，它们沿着山谷间清澈的小溪，沿着宽广的江河，和溪水、河水一起奔腾前进。

河的上游：水在陡峭的山谷间流淌，山谷周围聚集了很多大石块。在流过山涧的时候，沿途还看见了小村庄、农田，有的地方还可以看到壮观的瀑布。从山谷间倾泻而下的水聚集成河。

河的中游：水量增多了，水流的速度要比上游缓慢，在这一段，河都是弯弯曲曲的。河边有很多圆圆的砾石和粗粗的沙子。凹凸不平的石头被河水冲走的时候会被河水磨得圆圆的。

河的下游：江河渐渐地变宽了。周围地势平缓，所以水流得很缓慢，随河水而来的砾石变得更小了，沙子也多了，水把带来的砾石、沙子和土壤冲到海边，啊，终于可以见到湛蓝的大海了！

73

从岩石到沉积岩

　　巨大的岩石因为各种原因，分裂成了许多小的岩石碎片，而这些岩石碎片到达江河下游的时候已变成了又小又圆的小石子。江河的下游地势平坦，水流得非常缓慢。由于水是从高处往低处流的，在江河的下游临近入海口的地方，地势平坦，所以水自然就流得很慢。这时水再也没有力量带领着石头、沙粒、泥土一起前进了。通常最沉的石头会先下沉，然后是沙粒、泥土依次慢慢下沉。其中，黏土实在太轻了，浮在水中一段时间后才沉淀。沙粒、泥土等物质沉于水中的现象被称为沉积。

　　河水每天都会带来新的沉积物，前天带来了白白的沙粒，昨天带来了黑漆漆的砾石，今天又带来了红色的泥土。

大海深而广阔，沉积物即使在海里堆积一两天，我们也很难看出大海的变化。无数的沉积物经过数千年的沉积才能形成数十米的厚度。大小、形状和颜色各不相同的沉积物如三明治一样层层叠加就变成了紧密的岩石。

岁月在流逝，当这些岩石堆积得很厚的时候，位于底层的岩石因为来自上面施加的压力，变得更加坚固。这时候，水中溶解、沉淀的各种物质，譬如，从有些贝壳中溶解出的物质，就会紧贴在石头和石头、沙子和沙子的缝隙间。

那些岩石长时间受到挤压，变得非常牢固，最终形成坚硬的、巨大的岩石。

这样形成的岩石叫作沉积岩。沉积岩的形成需要数千年的时间。山顶上的岩石就是通过这种方式变成带有美丽条纹的沉积岩的。

刻着历史的化石

　　地球的年龄大约为46亿岁，大家能想象46亿年有多么漫长吗？人类大约是300万年前在地球上出现的。那么在剩下的45亿多年的时间里，有哪些生物在地球上生活过呢？

　　科学家们对此感到十分好奇，于是他们纷纷向沉积岩请教，因为沉积岩中保存着很多化石。沉积岩是唯一一种能够保存化石的岩石，为科学家的研究提供了依据。

　　　　化石是很久
以前地球上的生物的尸体
或遗迹埋藏在地下变成像石头
一样的东西。然而，不是所有的
生物都能以化石的形式保留下来。
生物死去后，它们的尸体大部分都
被其他动物吃掉或被微生物分解。

　　　　若要变成化石，生物的尸
体或遗迹必须与沉积物一起堆
积起来，而且在被埋的尸体
或遗迹腐烂消失之前，必
须有新的沉积物堆积
在上面并凝固

才可以。

但是，动物的皮肤和植物的叶子是很容易腐烂的，所以完整的动植物化石很难形成。

因此，现在遗留下来的化石几乎都是动物坚硬的骨骼的化石。而植物的化石也仅仅是植物在沉积岩中留下的痕迹而已，植物最终能够变成化石被保留下来是极其罕见的。

形成化石的条件如此苛刻，以至于动植物化石极其稀有。但只要死亡的生物具备所有形成化石的条件，那它们就会被埋在沉积岩中，变成化石，永久地保存下来。

要是某一天发生了地震而导致沉积岩崩裂，或者化石上层的地层在风、雨、雪等作用下变得越来越薄，化石就可能被人发现。

仔细观察、研究化石会发现很多有趣而且

三叶虫的化石

有价值的事情。深入研究从很久以前形成的地层到新生成的地层，并潜心观察其中的化石的变化，我们就能知道生物在漫长岁月

植物化石

中的演变过程。而且，通过化石的模样我们能了解到生物存活时期周围的环境以及生物的生活情况。例如，在高山上发现了三叶虫或海贝的化石，就能推测出很久以前这个地方是大海。因为三叶虫属于古生节肢动物，主要生活在海底。

化石还能帮助人们勘测石油或煤炭资源，有植物化石的地方通常都有丰富的石油或煤炭。

提到化石，就不得不提及一段历史。人们是从18世

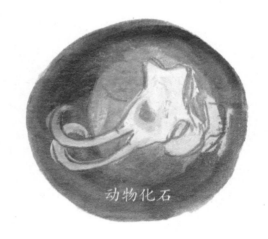

动物化石

纪开始对化石感兴趣的。那时，工业革命刚刚开始，到处都在开采、开发矿产资源。

一天，人们开采矿石的时候，偶然发现了身体巨大无比的动物的骨头、臼齿、趾甲等化石，这些价值不菲的化石就是罕见的恐龙的化石。

但是那时候，人们还不知道这种曾经在地球上生活过的、如此巨大的动物到底是什么。

直到19世纪初，很多科学家意识到了化石的重要性，他们和化石挖掘者开始专门集中挖掘、研究化石。英国著名的化石收集者及古生物学家玛丽·安宁对恐龙化石的发掘工作做出了很大的贡献。

从小生活在海边村庄的安宁非常聪明，她11岁的时候就发现了一具完整的长约5米的鱼龙化石。在她一生中，她挖掘出了很多恐龙化石，许多重要的古生物研究都源于她的化石发现。

人们在中国的浙江陆续发现了很多恐龙骨骼化石和恐龙蛋化石。说不定在你生活的地方就有很多化石，你想不想去寻找那些化石呢？那就赶紧准备好挖掘工具，出发吧！

滚烫的馋嘴家伙冒出来了

就像把苹果切成两半那样，如果也把地球切成两半，那地球会是什么样子呢？地球可分为四部分，与苹果的外皮相对应的是地壳，与嫩黄的果肉相对应的是地幔，与苹果的籽相对应的是地核，而地核又可分为内地核和外地核。

地壳指的是地球的表层，主要由岩石和土壤构成。不仅仅是我们生活的陆地，就连海底的地面也主要由岩石和土壤组成。我们生活的陆地被称为大陆地壳，海底的地面则被称为海洋地壳。不同的地方，地壳的厚度有所差异，其中大陆地壳较厚，平均约为35千米。

地幔是地壳下面的中间层，厚度约为2 900千米。地幔的温度是随着位置的变化而变化的，与地壳相接的地方的温度约为1 000摄氏度，越接近地球的中心，温度

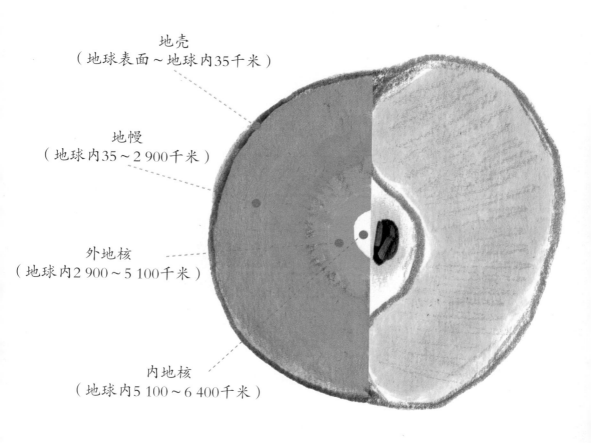

地壳
（地球表面～地球内35千米）

地幔
（地球内35～2 900千米）

外地核
（地球内2 900～5 100千米）

内地核
（地球内5 100～6 400千米）

就越高，在外地核附近，温度可达5 000摄氏度。由于地幔的温度较高，有的岩石因此被熔化。

　　从地幔以下到地球内部5 100千米处的地方为外地核，这里的温度非常高，约有4 000～5 000摄氏度，所以构成外地核的岩石是液体状的。

　　外地核下面到地球中心（地球内部6 400千米处）就是地球的内地核，内地核的温度竟然高达6 000摄氏度，在这种温度下，即使是很坚固的岩石也会被熔化掉。

　　咦，这是什么声音啊？

　　在地球深处熟睡的沉积岩被一种特别奇怪的声音吵醒了。原来有个炽热的、黏黏的而且通红的东西正边吞吃着岩石，边从地球内部爬出来，它就是岩浆。岩浆是在地壳和地幔相接的地方形成的，这里的温度可达1 000摄氏度，所以岩石都被熔化成了岩浆。这些岩浆沿着地壳的底部慢慢地向旁边移动，时时刻刻都在寻找喷涌而出的机会。

岩浆咕噜噜地沸腾着，地表也开始蠢蠢欲动起来，很快，岩浆就找到了出口。
　　滚烫的岩浆像喷泉一样涌了出来，场面十分壮观。

无法控制的家伙
——火山

　　1963年11月，冰岛的一个渔夫正在海上捕鱼，但奇怪的是，那天他一条鱼也没有捕到。渔夫十分沮丧，坐在船上休息，突然他看到远处海面上冒出一缕缕黑烟，还看见他周围的海水咕噜噜地沸腾着。

　　如果我们看到这样的场景，肯定会吓得撒腿就跑，但是这对于生活在火山活跃地区的冰岛渔夫来说，是习以为常的事情，甚至他们还会不足为奇地说道："海底下有火山在喷发。"

是的，由于海洋地壳较薄，因此在这种地壳里的岩浆常常趁机冲破地壳喷发而出。这是火山爆发的开始，海水是因为岩浆温度极高而沸腾起来的。但是，这次火山活动有点儿不大对劲，还不时有"轰隆隆"的声响发出。

伴随着巨大的响声，充满了水蒸气和火山灰的黑色烟雾腾空而起，其高度达10千米，附近村落的村民们受

到了很大的影响——毒气和不断飞出的火山灰、火山碎屑等向村民们袭来，火山爆发给他们带来了巨大的灾难。海底火山喷发出的大量岩浆同其他喷发物一起堆积在火山口*周围。但是，由于这些喷发物太多了，堆积如山，甚

*火山顶部凹进去的窟窿。

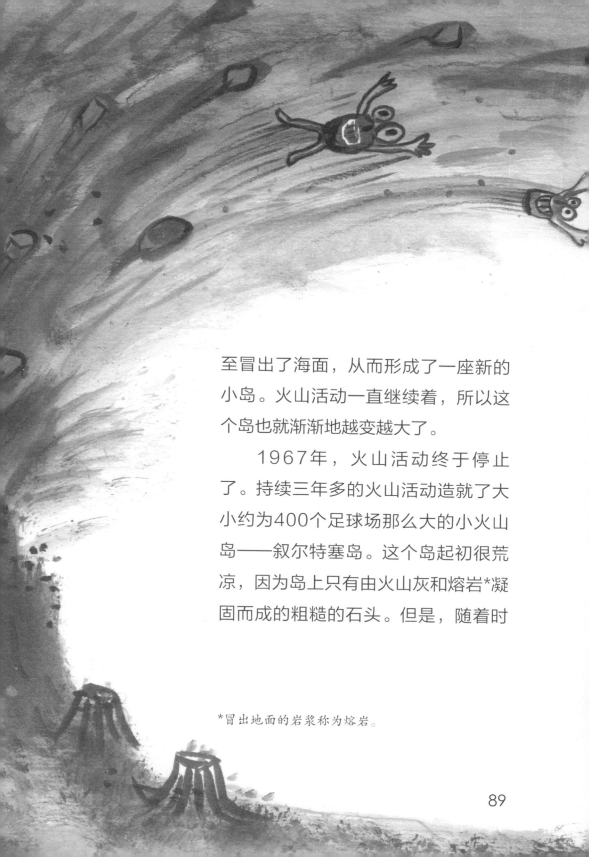

至冒出了海面，从而形成了一座新的小岛。火山活动一直继续着，所以这个岛也就渐渐地越变越大了。

1967年，火山活动终于停止了。持续三年多的火山活动造就了大小约为400个足球场那么大的小火山岛——叙尔特塞岛。这个岛起初很荒凉，因为岛上只有由火山灰和熔岩*凝固而成的粗糙的石头。但是，随着时

*冒出地面的岩浆称为熔岩。

间的推移，这座小岛也发生了一些变化。鸟儿们在这座新的岛屿上栖息，而这些鸟的鸟屎中残留着一些种子，还有一些种子随海水漂来或者从附近的岛屿被风吹过来，种子在岩石的缝隙间生根发芽。渐渐地，植物长出来了，一些大的动物接二连三地聚集到这座小岛上，乘着树枝漂洋过海而来的昆虫以及很多在蓝天飞翔的小鸟也纷纷来到这座岛上生活。这座当初十分荒凉的小岛，任何生物都难以生存，然而，在动植物齐心协力的努力下，这里变成了生物的乐园。

地球上还有许多火山岛，如郁陵岛、夏威夷群岛以及南太平洋的许多岛屿。

火山活动不仅发生在海底（海底地壳），还发生在陆地（大陆地壳）上。因此一望无垠的平原有一天可能会因为火山活动而变成高山。墨西哥的帕里库廷火山就是这么形成的，那里原来是块玉米田，经过9年的火山活动，就变成像长白山那么高的山了。

韩国的汉拿山、日本的富士山也都是由陆地上的火山喷发而形成的，火山活动可以说是创造高山的绝妙方法。

但火山活动只是创造高山吗？

1883年，发生在印度尼西亚拉卡塔岛上的火山活动就是个相反的例子。由于火山爆发的威力过于强大，火山灰不但没能在火山口堆积，反而把该岛一半以上的岩石冲走了。所以拉卡塔岛现在变成不到原来面积一半的小岛了。美国的圣海伦斯火山也是如此，原本圣海伦斯火山是座高达2 900米的山，但由于1980年的火山爆发，使得该火山变矮了，现在只有2 400米高。火山活动是不是很不可思议呢？火山简直就是个难以控制的变化无常的家伙，它既可以筑造高山，也可以毁灭高山。

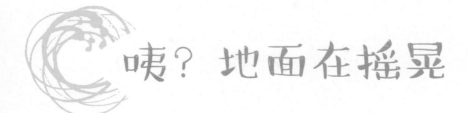

咦？地面在摇晃

大家有没有经历过地震呢？

自古以来，地震都是很可怕的灾难。平时，无论我们怎么跺脚都一动不动的地面突然摇晃、崩裂，并且地震能在短短的几秒钟之内，把一座城市变成一片废墟。

为什么会发生地震呢？

探索地震原因的科学家们在地图上标出那些曾经发

生过地震的地方时，发现了一个惊人的事实。那就是，地震大多发生在日本、印度、印度尼西亚、土耳其、美国的西部海岸附近、智利、地中海的沿海地区。大西洋东侧的地震多发区贯穿于大西洋南北。更令人惊讶的是，火山活动活跃的地区和地震多发区大致吻合。相反，澳大利亚的中部、美国的中部、太平洋的中部、巴西的中部地区几乎没有发生过地震，也没有发生过火山喷发。

这到底是怎么一回事呢？

那是因为地壳分成十多个大小不同的板块，这些巨大的板块一运动就会发生地震。

地震给人们带来了无法估计的损害，是目前人类面临的最可怕的自然灾害之一。

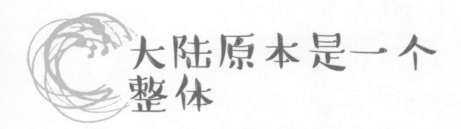

大陆原本是一个整体

　　我们生活的大陆原本是连接在一起的一个整体，但经过长期的漂移，最终变成了现在的模样。这就是著名的大陆漂移说。

　　科学家魏格纳是大陆漂移说的创始人，当他提出这一主张的时候，全世界的科学家都为之震惊。那么，就让我们来听听魏格纳的解释。他有四大有力证据来证明自己的观点。

　　第一个证据，各个大陆两岸的轮廓竟如此相对应，不仅是非洲和南美洲的大陆轮廓相吻合，非洲南部和南极洲、澳大利亚、印度的边缘轮廓都非常吻合。

第二个证据，非洲和南美洲相对的地面下的地层是一模一样的。由于中间隔着大西洋，相距甚远的两个洲的地层纹路、年龄是不可能相同的，除非它们原来就是连接在一起的。

第三个证据，动植物的化石。无法游泳过海的小动物中龙、植物舌羊齿的化石在相隔很远的非洲、南美洲、大洋洲和南极洲等都曾被发现过。

第四个证据，巨大的冰块——冰川的痕迹。冰川大而重，每当移动的时候都会碰撞到周边的岩石并留下痕迹。在属于热带地区的赤道附近的印度南部和非洲等地也能找到冰川留下的痕迹。热带地区常年都是炎热的夏季，怎么可能会有巨大的冰川呢？所以，我们可以认为印度、非洲大陆在很久以前是在南极附近的，只不过经过很长时间，才渐渐地漂流到了赤道附近。

怎么样？小朋友，你们是否也赞同魏格纳的观点呢？

 地球的表面在移动？

英国地质学家霍姆斯提出地壳是由大小不一的碎片组成的。他指出，由于地壳的碎片在运动，所以地震和火山活动也就经常会发生。科学家们把这些碎片称为"板块"。地壳下面就是地幔，由于这些地幔也在运动，所以带动了上面的地壳板块也一起运动。

　　地球中心是温度很高的地核，地幔在地核附近被加热。当地幔上升到地壳附近时，由于无法再向上升，所以只能向两边移动。

当地幔向两侧分开时，浮在地幔上面的地壳也随之向两侧分开，最后"啪啪啪"地断开了。由于这种力量，才会发生地震。然后，岩石熔化成岩浆，顺着裂开的地壳裂缝喷发出来，就形成了火山。

位于大西洋中部的长达40 000千米的海底火山山脉和美国西海岸的火山山脉，就是处于板块和板块的交界处，所以这里地震和火山活动十分频繁。

那么，向两侧分开移动的地幔究竟到哪儿去了呢？

地幔与地壳相连接的部分是温度较低的地方，所以，在地壳附近向两侧移动的地幔就会慢慢冷却，然后再重新沉积于地球内部。这时候，有的地壳板块会跟随地幔下沉，有的地壳板块会与其他板块相碰撞。地球受到这样的冲击，就会发生地震或火山爆发。日本列岛和喜马拉雅山脉就是因为处于板块和板块的交界处，所以地震活动极其频繁。也就是说，不管是板块与板块相分离的地方，还是板块与板块交界的地方，都是地震和火山活动频发的区域。

当地壳板块相撞的时候，产生的力量非常强大。粒子构成的固态岩石在地球内部的压力和高温作用下，相互交换位置，发生物质成分的迁移和重新结晶，形成新的矿物质。在这个过程中岩石也会变成其他的颜色，有的岩石在凝固后会变成有美丽条纹的大理石。

在高温高压和矿物质的混合作用下，由一种石头变质成的另一种石头就被称为变质岩。

此时此刻，地球的地壳板块仍在移动，但是速度极其缓慢，一年移动大约4厘米，所以我们觉察不出来。如果地壳板块一直这样移动的话，几亿年后，地球的模样将会与现在大不相同。

地球的气候是多种多样的

在地球上，地理位置不同气候也会不同，有的地方暖和，有的地方十分寒冷。虽然同在地球上，但是随着各种外界条件的变化，各地会形成多样的气候。那就让我们来了解一下变化多样的气候吧。

冻僵了的世界
——极地气候地区

　　高纬度地区（北极、南极）的地表接受到的太阳光很少，所以这里一年四季都很寒冷，最"热"的时候平均气温也不超过10摄氏度，而且全年几乎不下雨，所以

连树木也生长不了。因此我们把地球上气温极低的地区
称为极地气候地区。

极地气候可分为冰原气候和苔原气候。冰原气候分
布的地区，地面常年结冰，苔原气候分布的地区，也是
常年酷寒，地面上生长着一些矮矮的植物。

冰河王国——冰原气候地区

冰原气候就是，一年中最温暖的月份气温仍低于零摄氏度，所以这里常年都结冰。位于南半球的南极大陆和北半球的格陵兰岛的部分地区的气候就属于冰原气候。由于冰原气候地区非常寒冷，冰雪也不融化，因此，植物无法生长。但是，这里并不是什么动物也没有。南极生活着可爱的企鹅、海豹、鲸鱼、磷虾等动物，而北极则生活着北极熊、海象、北极狐等。现在一些来自世界各地的科学家也在南极和北极生活，并进行着许多科研活动。

冰原气候有利于观察地球的环境变化。其分布的地区只要稍微受到污染，动物们就会出现敏感的反应，可

以迅速地觉察到地球环境的变化。这些地区对地球的整体气候产生了很大的影响。

所以，各国的科学家们在北极和南极都建立了科学考察基地，对地球环境进行各种科学研究。中国也在这两个地方建立了科学考察站，同时与其他国家协作，开展科研活动。

苔藓和地衣的王国——苔原气候地区

极地气候分布的地方由于太冷，所以树木和草等植物都无法生长。但是在夏季，盖住地面的冰融化之后，某些地面上会生长出苔藓和地衣，这样的地方被称为苔原气候地区。

苔原气候主要分布在亚欧大陆和北美大陆的北冰洋沿岸等地。这里年平均气温在零摄氏度以下，最暖和的

驯鹿

时候平均气温也不超过10摄氏度。这里即使是最炎热的夏季，也不会比中国的秋天暖和。这里的夏季虽然很短暂，但是在这期间，地表的一些积雪会融化，会生长出苔藓和地衣。苔原气候地区的居民靠饲养驯鹿或捕鱼来维持生活。以前，因纽特人到远处打猎的时候，通常会在狩猎区停留一段时间，这时他们就会搭建冰屋。冰屋是用被切成适当大小的冰块搭建起来的半圆形小屋，一般可以容纳10个人左右，搭建一座冰屋只需大约两个小时的时间。现在，因为有了带有发动机的雪橇，因纽特人即使到很远的地方去打猎，也能及时回家，所以很少再搭建这种传统建筑了。

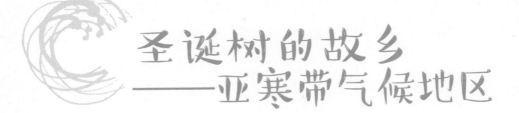

圣诞树的故乡
——亚寒带气候地区

　　亚寒带气候地区的主要特征是，冬季寒冷而漫长，从当年10月到来年4月都是冬季。这里的夏季平均气温在10摄氏度以上，与极地气候地区相比，暖和一些，但是夏季短暂得转瞬即逝。加拿大、俄罗斯北部、欧洲北部都属于亚寒带气候地区。

　　亚寒带气候地区有一种植被类型，叫作亚寒带针叶林。这种森林聚集了冷杉、云杉、落叶松等针叶树木，圣诞树就是用这些树木制作的。在亚寒带气候地区生活的人们，他们的房子盖得既牢固又保暖。该地区降雪频繁，人们通常滑雪橇出行。我们把滑雪当作一项冬季才

能进行的运动，但是滑雪
对于他们来说却是经常事儿，而
且雪橇就是他们的鞋。因为，在降雪极
其频繁的山区，有时候，雪堆积得比人
还要高。要是穿上普通的鞋行走，迈出
一步就会陷到雪里面，简直是寸步难
行，而且很快就会筋疲力尽。

109

有明显的四季变化
——温带气候地区

在温带气候地区最暖和的月份平均气温高于18摄氏度，最寒冷的月份平均气温高于零下3摄氏度。这个地区有明显的四季变化，温差、天气变化也较大。由于受到附近亚寒带和热带气候地区的影响，温带气候地区的冬季就如同亚寒带气候地区那样寒冷，夏季则如同热带气候地区那样炎热。比如，英国、法国北部的夏季就十分炎热、干燥；美国的东部和西部海岸、澳大利亚的东部等地一年四季都很湿润。

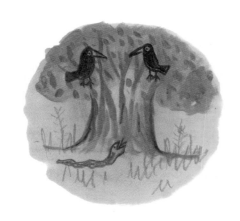

温带气候地区的植物的生长也是随着季节的变化而变化的，因为温带气候地区一年四季的温差很大。大部分植物都是在春季开始发芽，到了夏季就长得枝繁叶茂了，秋季时，树叶枯萎，变成了落叶，到寒冷的冬季，树枝都是光秃秃的，这也是为了过冬。

植物可以利用二氧化碳、水和阳光来制造出自己所需要的养分。但是，天气

变凉的话，阳光辐射会变弱，就很难合成养分，很难再给树叶提供养分，因此只能让所有的树叶都枯萎掉。当树木挺过寒冷的冬天，春天来临时，它们就会重新长出嫩嫩的树叶。

极其缺水
——干旱半干旱气候地区

这些地区的气候特征是，降水量比地面和植物所蒸发掉的水分还要少，所以树木无法生长。在干旱半干旱气候地区中，年降水量在250~500毫米之间的地方被称为半干旱气候地区，少于250毫米的地方被称为干旱气候地区。

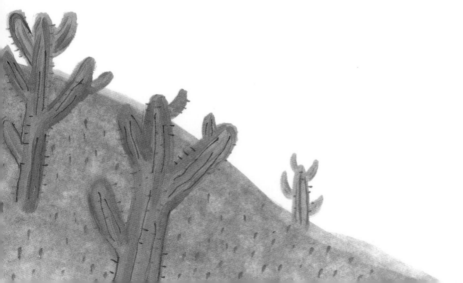

几乎不下雨的干旱气候地区

相对日照长、太阳辐射强、几乎不下雨、有很多荒漠的地方被称为干旱气候地区。干旱气候地区植被很少，呈现荒漠景色，因此又被称为沙漠气候地区。具有代表性的地方有美国的莫哈韦沙漠、非洲的撒哈拉沙漠、澳大利亚的辛普森沙漠等。

虽说沙漠是个酷热、水资源匮乏的地方，但这里还是有能适应其环境生长的植物。只不过它们的生命都很短。在沙漠里，植物的种子会躲进沙子里面，然后一降雨，就立刻开花，并迅速播种，然后死去。

难道在沙漠中，不降雨的时候就看不到植物了吗？

"嘿嘿，在这儿呢，我，仙人掌！"

仙人掌把水储藏在胖墩墩的茎里面，为了防止水分大量蒸发，它的叶子都变成了针状，这就有利于在沙漠中生存。沙漠中还有毒蛇、蝎子等许多危害性极大的动物，所以去沙漠时千万要小心，不要被这些动物咬伤！

"竟敢把我忘了，我可是沙漠之舟呀！"

哎呀，期待已久的骆驼生气了。骆驼是沙漠里的交通工具，它在沙砾中来回穿行。它把养分贮存在高高的驼峰里，所以即使很多天不喝水、不吃东西，它也能存活。骆驼的脚掌又宽又厚，所以在沙漠上行走非常自如。刮大风的时候，骆驼还会把鼻孔合上，以免沙子钻到鼻子里面去。

　　一些游牧民族在沙漠中生活。他们饲养羊、牛、骆驼，并跟着水源迁移。在沙漠中生活的游牧民族一般穿长袖的衣服，因为白天阳光太强，如果把胳膊裸露在外面，会晒伤皮肤。此外，长袖衣服不仅可以阻挡阳光、降低温度，当刮起沙尘暴时还可以起到保护作用。晚上他们也必须穿长袖衣服，因为太阳落山以后，气温会急剧下降，达到零摄氏度以下。这时候，长袖衣服能起到保暖的作用。

小草们舞动的半干旱气候地区

　　半干旱气候地区广泛地分布在沙漠附近。这些地区降水量很少，树木

无法生长，但是降水量比干旱气候地区多一些，年降水量在250~500毫米，所以一些牧草能在这里茂密地生长。这些牧草是家畜美味的食物，这就是半干旱气候地区畜牧业发达的原因。北美洲的普列利草原、阿根廷的潘帕斯草原等就是具有代表性的畜牧地区。

在半干旱气候地区当中，中亚、俄罗斯的黑土地带降水量较多，土壤中的养分也很丰富，所以，这些地区是小麦高产区。

# 生物集合区
——热带气候地区

　　地球中部的赤道附近常年酷热，这里就是热带气候地区。热带气候的年平均气温高于20摄氏度。

　　热带气候根据降水量可分为三大类：全年高温多雨的热带雨林气候、有干湿两季之分的热带草原气候、受季风影响的热带季风气候。

　　现在，就让我们看看这些热带气候地区到底有什么不同吧。

生物种类繁多的热带雨林气候地区
　　热带雨林气候地区的降水量非常大，平均降水量在

最少的月份也能超过60毫米。这里的太阳光很强烈，虽然很炎热，但是水分充足，所以对于某些生物来说，这里简直就是天堂。

南美洲的亚马孙地区、厄瓜多尔、哥伦比亚、非洲的刚果等都是具有代表性的热带雨林气候地区。

热带雨林气候地区到处是

茂密的原始森林，森林里有高达60米的高大树木、仅1米高的矮树、缠绕在其他树木上生长的藤本植物、紧贴在地面生长的苔藓和蘑菇……种类繁多的生物都聚集在此。尤其在南美洲亚马孙热带雨林，生活在那里的生物占世界全部

森蚺

生物种类的一半以上，再加上热带雨林的氧气充沛，因此人们把亚马孙热带雨林誉为"地球之肺"。在亚马孙热带雨林里探险是非常危险的，一不小心就会有生命危险。

毒蜘蛛

因为雨林非常茂密，根本无法看见咫尺之外的事物，而且热带雨林中还有很多稀奇又可怕的动物。

亚马孙热带雨林里生活的动植物十分奇特。除了身长约14米的巨大的森蚺以外，5米多长的鳄鱼、类似狼蛛的毒蜘蛛、大蚊子、有毒的植物等处处可见。然而，像大象、长颈鹿等身体庞大的动物根本不能在这里生活，因为这里植物太多，它们无法自由行动。 只有猴子、豹等体形较小的动物才可以在这里栖息。但是，决不能小看这

游蚁

些动物。在这里，如果看到比普通蚂蚁大四五倍的大游蚁排队前进，一定要多加小心，不要去刺激它们。游蚁群一旦发动攻击，就会使人疼痛难忍。它们会攻击比自

己大许多倍的昆虫，甚至连毒蜘蛛都可以吃掉。在饥饿的游蚁路过的地方，原本在那里的一些生物会瞬间消失。

在热带雨林里生活的人们在河畔盖房子的时候，一般先在地上立起木柱，然后把用树枝和树叶搭建好的房子架上去。他们会在房屋前架一梯子，方便进出。如果直接在地面上建房屋的话，在降水量多的时候房子就会被上涨的河水冲走。

有明显的旱季和雨季之分的热带草原气候地区

非洲和南美洲的热带雨林气候地区周围形成了热带草原气候地区。

热带草原气候地区一年被明显分为旱季和雨季。雨季时，这里雨水充沛，草跟树木都长得很茂盛，那些大象、犀牛、斑马、长颈鹿等食草动物就有充足的食物来填饱肚子。而有了这些吃得肥肥胖胖的食草动物，狮子、猎豹、胡狼等食肉动物也就不用为食物而发愁了。

但是到了旱季，这里几乎不下雨，很多植物都枯死了，所以食物资源自然也就很匮乏了。因此，旱季一来临，很多食草动物为了寻求水源而开始迁移。

植物在旱季留下自己的种子后干枯死去。到了雨季，枯死的植物遗留下来的种子就会发芽，而干枯的树木也会长出嫩绿的叶子，转眼间，那里又会变成茂密的草原。

　　在热带草原气候地区生活的人们利用本地有明显的雨季和旱季之分的特点，主要种植甘蔗、咖啡树等经济作物。人们还把在雨季时降下的雨水贮存起来，等到了缺水的旱季再用。但是，一旦用完贮备水或者气候发生变化、雨季推迟的话，人们可能连喝的水都找不到，生活非常艰苦。

　　非洲的萨瓦纳是典型的热带草原气候地区，所以，热带草原气候又被称作"萨瓦纳气候"。在非洲，这个地区被定为野生动物保护区，由此吸引了大量观光客。

季风"制造"的热带季风气候

受季风的影响，一年中大部分是雨季，只有短短的三四个月是旱季的气候，这种气候被称为热带季风气候。

印度的东部、缅甸、菲律宾等地的气候均属于这种气候。热带季风气候地区的森林也很茂密，但是不如热带雨林气候地区。热带季风气候地区降水量较大，但是缺乏可以蓄水的大坝，所以生活在这个气候地区的人们没有充足的农业用水和生活用水。

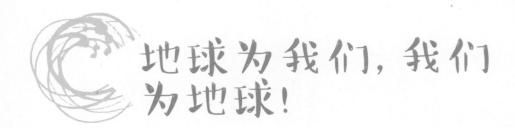

地球为我们，我们为地球！

有关地球的所有故事都已经讲完了，小朋友们有没有发现，陆地从一诞生就努力克服着陨石坠落和火山活动对它造成的困扰，帮助地球获得了大气层。大气层虽然不能用肉眼看到，但它是我们人类和其他动物自由呼吸的保障，它竭力保护着生活在地球上的一切生物。

还有海洋！海洋是地球上水的故乡，从大海上蒸发的水分变成小水珠，小水珠聚积形成云，之后又会变成宝贵的雨水降落到陆地上。这样，陆地上的生物才得以生存。

虽然猛烈的台风、地震、火山等自然灾害会破坏地球的面貌，但是生物会立刻与大气层、海洋齐心协力，

帮助地球重获新生。

由此可见，大气层、海洋、陆地、生物相互联系，完美地融为一体。

但是，地球也面临着危机。

人类大量开采地球上的矿产资源，这就导致可利用的资源渐渐变少，同时人类制造了越来越多的使地球变暖的气体。受此影响，经过数千年才形成的巨大冰川开始融化，海平面开始上升，沙漠的面积也越来越大，遮挡紫外线的臭氧层也被化学物质破坏了。

由于人口大量增加，房屋的需求量也开始迅速增加。为了满足这一需求，人们大肆占用耕地或者开垦荒

地。土地遭到极大破坏。

人们到处开发资源，这种行为破坏了野生动植物的家园——森林、江河、海洋等。

地球忍无可忍，所以它就利用奇异的现象来向人们发出警告。例如，频繁的台风，冬天天气暖和的日子增多，未到夏天但是天气却突然变得十分炎热。

人们开始研究发生这些变化的原因，也了解到迄今为止人类对地球的所作所为究竟错在哪里。如今，人们开始反省自己的行为，并为了保护地球而不断努力着。

小朋友们也一起想想可以为地球做哪些事情吧！

资源再利用

做好垃圾分类

不使用一次性用品

到山上或江边不乱扔垃圾

种树

保护野生动植物

给长辈写封关于爱护地球的信

图书在版编目（CIP）数据

　　地球今天也很忙 / （韩）辛贤贞，（韩）咸锡真著；
千太阳译. -- 长春：吉林科学技术出版社，2020.1
　　（科学全知道系列）
　　ISBN 978-7-5578-5048-7

　　Ⅰ . ①地… Ⅱ . ①辛… ②咸… ③千… Ⅲ . ①地球—
青少年读物 Ⅳ . ①P183-49

　　中国版本图书馆CIP数据核字（2018）第187412号

吉林省版权局著作合同登记号：
图字　07-2016-4712

地球今天也很忙 DIQIU JINTIAN YE HEN MANG

著	[韩]辛贤贞　[韩]咸锡真
绘	[韩]金载弘
译	千太阳
出 版 人	李 梁
责 任 编 辑	潘竞翔　汪雪君
封 面 设 计	长春美印图文设计有限公司
制 版	长春美印图文设计有限公司
幅 面 尺 寸	167 mm×235 mm
字 数	100千字
印 张	8
印 数	1-6 000册
版 次	2020年1月第1版
印 次	2020年1月第1次印刷

出 版	吉林科学技术出版社
发 行	吉林科学技术出版社
地 址	长春市净月区福祉大路5788号出版大厦A座
邮 编	130118

发行部电话/传真　0431-81629529　81629530　81629531
　　　　　　　　　　81629532　81629533　81629534

储运部电话　0431-86059116

编辑部电话　0431-81629520

印　　刷　长春新华印刷集团有限公司

书 号	ISBN 978-7-5578-5048-7
定 价	39.90元